SITZUNGSBERICHTE DER DEUTSCHEN AKADEMIE
DER WISSENSCHAFTEN ZU BERLIN

Klasse für Mathematik, Physik und Technik

Jahrgang 1960 Nr. 3

P. GÖRLICH, H. KARRAS und R. REIMANN

ZUR FRAGE DER VERFÄRBUNG KÜNSTLICHER CaF_2-EINKRISTALLE AUS REINEM SYNTHETISCHEN AUSGANGSMATERIAL

Mit 20 Abbildungen und 10 Tabellen

AKADEMIE-VERLAG · BERLIN

1960

Vorgelegt von Hrn. Görlich in der Gesamtsitzung vom 2. Juni 1960
Zum Druck genehmigt am gleichen Tage, ausgegeben am 1. Oktober 1960

Erschienen im Akademie-Verlag GmbH, Berlin W 1, Leipziger Straße 3—4
Lizenz-Nr. 202 · 100/780/60

Gesamtherstellung: Druckwerkstätten Stollberg VOB, Stollberg (Erzgeb.)
VOB UNION - III/6/50 1,2 860 (862)
Bestellnummer: 2010/60/I/3
Preis: DM 4,20
Printed in Germany
ES 18 B 7

1. Einleitung

In unserer ersten Mitteilung [1] über Verfärbungsversuche an künstlichen CaF_2-Einkristallen berichteten wir über Verfärbung mit Röntgenstrahlen an Kristallen, die nach dem Verfahren von STOCKBARGER im Vakuum aus der Schmelze gezogen waren [2]. Als Ausgangsmaterialien wurden ausgesuchte Naturfluorite gewählt. Die von uns erzielten Verfärbungsspektren glichen im wesentlichen denen, die SMAKULA [3] [4] [5], BARILE [6], LÜTY [7] und BONTINCK [8] erhalten haben. Lediglich mußten wir Abweichungen von SMAKULAS Ergebnissen beim Entfärbungsprozeß durch Lichteinstrahlung in einige der Banden konstatieren. Soweit wir der Literatur [3] bis [8] zu entnehmen vermochten, wurden von den entsprechenden Forschern entweder Naturfluorite besonderer Güte oder nach dem STOCKBARGERschen Verfahren gezogene künstliche Kristalle, wobei als Ausgangsmaterial wie in unserer ersten Arbeit Naturfluorite zur Anwendung kamen, benutzt. Ebenso wurden die zahlreichen Fluoreszenzuntersuchungen von FEOFILOW [9] [10] [11] [12], sowie von GALKIN und FEOFILOW [13] und STEPANOW und FEOFILOW [14] an künstlichen Kristallen durchgeführt, die aus Schmelzmaterial, das ebenfalls aus Naturfluoriten bestand, gezogen waren. Des weiteren verwendeten auch PEIBST und LEMKE [15] zu ihren Thermolumineszenzuntersuchungen Kristalle, die aus natürlichem Ausgangsmaterial, aus einer Grube in der Nähe von Ilmenau stammend (vgl. auch unsere Mitteilung [16]), hergestellt waren.

In unserer zweiten Mitteilung [16] berichteten wir darüber, daß wir Untersuchungen an künstlichen Kristallen begonnen haben, deren Schmelzgut aus synthetischen Präparaten hoher Reinheit besteht. Wir waren uns darüber im klaren, wie natürlicherweise auch andere Autoren, daß wir zum Zwecke der exakten Trennung aller Effekte, insonderheit zum Zwecke der Klärung der Unterschiede, die zwischen der subtraktiven und der additiven Verfärbung festgestellt sind, von der Benutzung solchen künstlichen

Materials, dessen Schmelzgut aus, wenn auch noch so sorgfältig ausgesuchten Naturfluoriten besteht, abkommen mußten. Im folgenden werden die damals und jetzt von uns benutzten Züchtungsverfahren kurz skizziert.

2. Züchtungsverfahren und Ausgangsmaterial

Zur Herstellung künstlicher CaF_2-Einkristalle höchster Reinheit benutzten wir ebenso wie früher für die Herstellung von Kristallen aus Naturfluoriten zwei unterschiedliche Verfahren. Das Verfahren I entspricht im Prinzip dem Stöberschen Verfahren [17], welches von uns für hohe Temperaturen und zur Züchtung im Hochvakuum weiter entwickelt wurde. Als Tiegelmaterial verwenden wir spektralreinen Graphit, der allerdings einer Sonderbehandlung unterworfen wird, um ihn möglichst extrem rein zu erhalten. Nach dem Verfahren I stellten wir bisher Kristalle mit einem größten Durchmesser von ~ 17 mm her.

Das Verfahren II entspricht in seinen wesentlichen Zügen dem Stockbargerschen Verfahren [2]. Wie beim Verfahren I benutzen wir auch beim Verfahren II als Tiegelmaterial spektralreinen und sonderbehandelten Graphit. Mit dem Verfahren II erzielten wir bisher Kristalle mit einem größten Durchmesser von ~ 150 mm.

Als synthetisches Ausgangsmaterial benutzen wir analysenreine Fluorwasserstoffsäure des VEB Fluorwerke Dohna und Calciumkarbonat für Silikatanalyse der Fa. Riedel-de Haën. Der im Pt-Tiegel befindlichen 40 % HF wird portionsweise $CaCO_3$ beigegeben und unter Rühren die überschüssige Säure und das Wasser abgedampft. Nach mehrmaligem Anfeuchten mit HF wird schließlich endgültig zur Trockene eingedampft. Für Verfärbungsversuche an künstlichen Kristallen mit Zusätzen mengen wir unserem synthetischen Ausgangsmaterial die gewünschten Substanzen bei. Bisher versahen wir das Ausgangsmaterial mit den in Tabelle I angegebenen Substanzen und benutzten zur Züchtung der Kristalle in diesen speziellen Fällen das Verfahren I.

Um eine Hydrolyse zu verhindern bzw. rückgängig zu machen, mengen wir dem Material, sowohl dem reinen als auch dem mit Zusatz versehenen, vor der Züchtung der Kristalle Bleifluorid bei, so wie es näher bei Stockbarger [2] beschrieben ist. Nach Stock-

BARGER nimmt man an, daß Bleifluorid seines niedrigen Siedepunktes wegen nicht in das Kristallgitter eingebaut wird, weil es bereits vor dem Schmelzen des Calciumfluorids verdampft. Wir können an Hand eigener Untersuchungen diesen Sachverhalt im allgemeinen bestätigen, allerdings mit der Einschränkung, daß es Züchtungen geben kann, bei denen Spuren von Pb durch den PbF_2-Zusatz im Kristall verbleiben (vgl. Tabelle II in unserer zweiten Mitteilung [16]).

3. Absorption und Fluoreszenz

In unserer zweiten Mitteilung [16] haben wir bereits die Absorption und die Fluoreszenz der nach Verfahren I aus synthetischem Ausgangsmaterial gezüchteten Kristalle mit der Absorption und Fluoreszenz von Kristallen, die aus Naturfluoriten zweier verschiedener Herkunftsorte gezogen waren, verglichen. Unsere reinen Kristalle zeigten keine selektive Absorption bis auf einen starken Absorptionsanstieg ab 230 nm nach kürzeren Wellenlängen. Zu gleichen Ergebnissen waren auch STEPANOW und FEOFILOW [18] an ihren künstlichen Kristallen aus synthetischem Ausgangsmaterial gekommen. Damals schlossen wir uns zunächst der von FEOFILOW gegebenen Erklärung an, daß der Absorptionsanstieg durch gittereigene Fehlstellen hervorgerufen sein könne. Auch konnten wir in der gleichen Mitteilung zeigen, daß durch Zugabe von vierwertigen Metallionen M^{4+} (etwa durch Zugabe von Wolframoxyd) der starke Absorptionsanstieg unter Ausschaltung jeglicher Fluoreszenz zum Verschwinden gebracht werden konnte.

Inzwischen gelang es uns, aus dem gleichen Material ohne Zusatz von Wolframoxyd, jedoch nach dem Verfahren II, Kristalle zu ziehen, die keinerlei Absorptionsanstieg und keinerlei Fluoreszenz aufweisen (vgl. Abb. 1 Mitte, Kurve I), so daß wir auch andere Ursachen, die einen Absorptionsanstieg hervorrufen können, ins Auge fassen müssen. Wir halten es beispielsweise für möglich, daß der Absorptionsanstieg bei 230 nm durch Streuung an sehr kleinen Bläschen oder an Aggregaten, die Komplexe größerer Kristallbaufehler darstellen, hervorgerufen wird. Leider konnten wir bisher unmittelbar das Streulicht selbst wegen der energetisch ungünstigen Lage des in Frage kommenden Spektralbereichs nicht nachweisen, so daß wir als Hinweis für die Möglichkeit des Streulichteinflusses nur zwei Beobachtungen anführen können:

a) Absorption wiesen vorzugsweise die kleinen nach Verfahren I gezogenen Kristalle auf. Die Proben zeigten zwar Blasen mit Durchmessern von ~ 0,1 mm, die ihrer Größe wegen selbst zur Streuung im UV nicht beitragen können, aber sicherlich treten in ihrem Gefolge kleine, für die Streuung im UV verantwortlich zu machende Bläschen auf.

b) Die im großen Tiegel nach Verfahren II gezüchteten Kristalle zeigten nur sehr wenige oder überhaupt keine großen Blasen und wiesen, wie bereits durch Hinweis auf Abb. 1 Mitte, Kurve I erwähnt, gute UV-Durchlässigkeit auf. Das Graphitmaterial für die Verfahren I und II war das gleiche und wurde auch von uns in gleicher Weise sonderbehandelt.

Man könnte noch annehmen, daß durch Unterschiede in den thermodynamischen Bedingungen beider Verfahren oder durch Unterschiede im Verhältnis Volumen/Oberfläche Einflußmöglichkeiten auf die Absorptionskante bei 230 nm, also durch Einfluß auf solche Weise hervorgerufener mechanischer Gitterfehler, gegeben sind; denn Kristalle nach Verfahren I weisen sehr viel stärkere innere Spannungen auf als die nach Verfahren II hergestellten. Die geometrischen Unterschiede sind aus dem Verhältnis Volumen/Oberfläche (nach Verfahren I 1,5 cm, nach Verfahren II jedoch 30 cm) ersichtlich.

Tabelle I
Zusätze zum CaF_2

Substanz	Menge in %	Kurzbezeichnung
Wolframoxyd	0,1	CaF_2/W
Uranfluorid	0,03	CaF_2/U
Zinnoxyd	0,1	CaF_2/Sn
Yttriumoxyd	0,5	CaF_2/Y
Samariumoxyd	0,05	CaF_2/Sm
Ytterbiumoxyd	0,04	CaF_2/Yb
Europiumoxyd	0,5	CaF_2/Eu
Gadoliniumoxyd	0,07	CaF_2/Gd
Ceroxyd	0,01	CaF_2/Ce

Die Untersuchungen der Fluoreszenz der Kristalle mit Zusatz (vgl. Tab. I) Ca F_2/Sm^{++} und Ca F_2/Yb^{++} bei Zimmertemperatur und bei $-180\,^{\circ}C$ wurden als Ergänzung zur Untersuchung der Fluoreszenz von Ca F_2/Eu^{++}, über die wir in unserer zweiten Mitteilung berichteten [16], durchgeführt. Die Ergebnisse stimmen mit

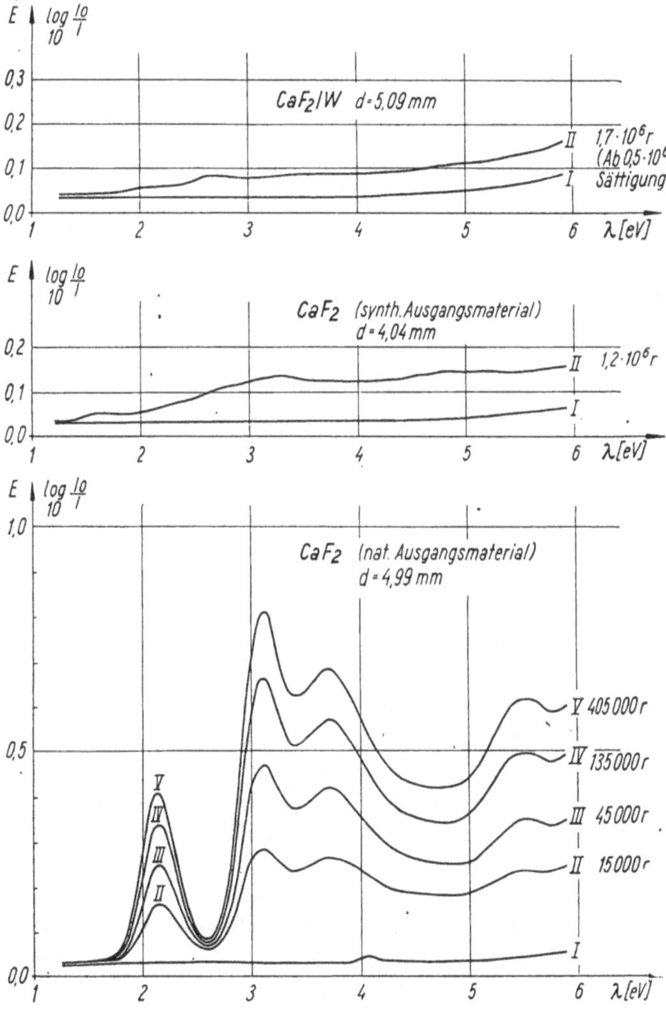

Abb. 1

denen von FEOFILOW überein, so daß auf Wiedergabe der entsprechenden Kurven verzichtet werden kann. Unterschiede zu FEOFILOWS Messungen ergaben sich, wie damals bereits von uns betont wurde, bisher nur an CaF_2/Eu^{++}, an dem wir bei Zimmertemperatur zwei weitere intensive Banden von Dublettcharakter (319 und 342 nm) fanden.

4. Experimentelle Hinweise

Die Verfärbung der Kristalle mit Röntgenstrahlen nahmen wir mit Hilfe einer handelsüblichen Röntgengrobstrukturanlage TuR M 200 (Wolframanode) des VEB Transformatoren- und Röntgenwerk Dresden vor. Wir erzielten am Ort der Probe eine Röntgendosisleistung von 2500 Röntgen/min (200 k V_{eff} und 20 mA).

Die Bestrahlungen erfolgten im Dunklen bei Zimmertemperatur, ebenso die Aufbewahrung der Kristalle.

Die Absorptionsspektren nahmen wir ebenfalls bei Zimmertemperatur mittels eines registrierenden Spektralphotometers (Prisma in Littrowanordnung) auf. Es wurde in jedem Falle gegen Luft gemessen. In den Abbildungen ist die vor der Verfärbung gemessene Absorptionskurve jeweils mit Kurve I bezeichnet worden.

5. Subtraktive Verfärbung von künstlichen Kristallen ohne Zusatz

Die untere Kurvenschar in der Abb. 1 zeigt die Verfärbungsspektren eines Kristalls aus natürlichem Ausgangsmaterial, das besonders häufig umgeschmolzen worden war. Aus der zugehörigen Abb. 2 ist der Sättigungscharakter der einzelnen Banden zu ersehen. Für künstliche Kristalle aus natürlichem Material scheint die vor der Verfärbung vorhandene Bande bei 4,05 eV (306 nm), vgl. Kurve I in Abb. 1 unten, charakteristisch zu sein. Die Absorptionskonstante unseres Kristalls (Reflexionsverluste wurden abgezogen) betrug $k = 0{,}03\ cm^{-1}$. SMAKULA [5] fand für die besten künstlichen Kristalle aus Naturfluoriten (Fundorte Kentucky und Mexiko) $k = 0{,}028\ cm^{-1}$. Sie zeigten die geringsten Leitfähigkeiten bei größter UV-Durchlässigkeit. Andere Kristalle, die SMAKULA benutzte, ergaben für k Werte von $0{,}076\ cm^{-1}$ und $0{,}06\ cm^{-1}$. Die

Tabelle II

Vergleich der Banden von subtraktiv verfärbtem CaF_2 nach verschiedenen Autoren

Autor	Material-Hersteller	Anregung	Banden (in nm und eV)														
Vgl. unsere Abb. 1	ks/W CZ	Röntgenstrahlen			578 2,15				470 2,74								
	ks CZ	Röntgenstrahlen		730 1,70							380 3,26				259 4,80		
	kn CZ	Röntgenstrahlen			578 2,15					396 3,13			333 3,72			225 5,51	
GÖRLICH, KARRAS und KÜHNE [1]	kn CZ	Röntgenstrahlen	910 1,36		+580 2,14			+482 2,58		+398 3,12		361 3,44	+331 3,75	278 4,46	259 4,80	227 5,46	
SMAKULA [3]	n u. k ? ?	Röntgenstrahlen			580 2,14					400 3,10			335 3,70				
SMAKULA [4]	k ? HCC	Röntgenstrahlen			+580 2,14			+485 2,56		+400 3,10			+335 3,70			225 5,51	
SMAKULA [5]	kn Qual. 1 Optovac	2,5 MeV Elektronen			574 2,16					395 3,14			335 3,70			226 5,50	
	kn Qual. 2 Optovac			751 1,65	602 2,06	521 2,38				383 3,24			331 3,75		261 4,75		
	kn Qual. 3 Optovac				602 2,06					384 3,23			325 3,81			241 5,15	
BONTINCK [8]		Röntgenstrahlen			580 2,14					400 3,10			340 3,64			233 5,52	201 6,16
		Neutronen					545 2,28			400 3,10			346 3,58				204 6,08
BARILE [6]	HCC	Röntgenstrahlen			580 2,14					412 3,01			335 3,70			228 5,44	

Die mit + versehenen Banden sind lichtempfindliche Banden [1], [4]

CZ VEB Carl Zeiss Jena

HCC Harshaw Chemical Company

kn künstliche Kristalle aus natürlichem Ausgangsmaterial

ks künstliche Kristalle aus synthetischem Ausgangsmaterial

n Naturfluorit

Verfärbbarkeit der Kristalle mit größerem k erwies sich als bedeutend größer als diejenige der Kristalle mit $k = 0{,}028\ cm^{-1}$ (s. Tab. II). Wir glauben daher annehmen zu können, daß unsere Kristalle einen gleichen Reinheitsgrad besitzen wie die besten Kristalle SMAKULAS.

In der Mitte der Abb. 1 ist die Verfärbung eines Kristalles aus synthetischem Ausgangsmaterial, nach dem Verfahren II hergestellt, wiedergegeben. Man sieht, daß die Verfärbung nur eine geringe Struktur aufweist.

Der obere Teil der Abb. 1 zeigt schließlich die Verfärbung eines Kristalls $Ca F_2/W$ nach dem Verfahren I. Bereits nach $0{,}5 \times 10^6$ r war die Sättigung erreicht. Die Verfärbung ist geringer als bei Kristallen aus synthetischem Ausgangsmaterial (vgl. Abb. 1, Mitte). Wir lassen dahingestellt sein, ob und in welcher Weise das Wolfram die Bedeutung eines „Scavenger" besitzt, wodurch eine weitere Reinigung des Kristalls hervorgerufen werden kann.

In der Tabelle II haben wir unsere Ergebnisse denen an anderen Orten erhaltenen gegenübergestellt. In den Fällen, in denen es uns möglich war, Kristallmaterial und Hersteller der Literatur zu entnehmen, haben wir diese Kenndaten in die Tabelle eingetragen. Die Tabelle läßt erkennen, daß die Kristalle, die aus synthetischem Material gezogen wurden, eine große Stabilität gegen Verfärbung mittels Röntgenstrahlen besitzen. Allerdings bleibt die Frage offen, ob sich Kristalle extremer Reinheit noch weniger bzw. überhaupt nicht durch Röntgenstrahlen verfärben lassen. Es scheint aber sicher zu sein, daß die subtraktive Verfärbungsmethode eine der bequemsten Methoden ist, den Reinheitsgrad von $Ca F_2$ zu charakterisieren.

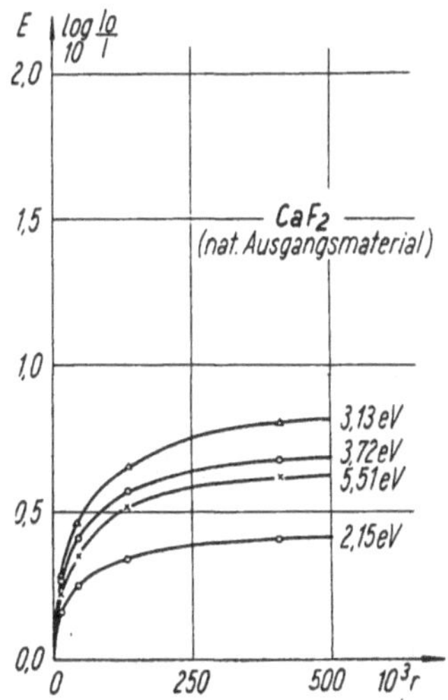

Abb. 2

6. Subtraktive Verfärbung von künstlichen Kristallen mit Zusätzen

Alle in Tabelle I angeführten Kristalle haben wir einer subtraktiven Verfärbung unterzogen und die Verfärbungsspektren, den Verfärbungsanstieg und den Entfärbungsprozeß bei Lagerung im Dunklen untersucht. In den Diagrammen und Tabellen sind die Röntgendosis und die Zeit nach der letzten Bestrahlung niedergelegt.

Wir konnten die in der Tabelle I angeführten Kristalle entsprechend ihres Verhaltens in bezug auf die Verfärbung in vier Gruppen einteilen.

Gruppe 1:

Vor der Verfärbung zeigen die Kristalle keine selektive Absorption. Im UV $> \sim 5{,}2$ eV setzt eine starke Absorption ein. Nach der Bestrahlung entstehen drei charakteristische Banden, wovon die beiden ausgeprägtesten Banden während der Dunkellagerung stark abgebaut werden. Der Abbau führt im sichtbaren Gebiet zur Bildung einer größeren Bande und zur Bildung zweier kleinerer Banden im UR. Der Gruppe 1 gehören an

Ca F_2/U (vgl. Abb. 3, Abb. 4, Abb. 5, Abb. 6 und Tab. III),
Ca F_2/Sn (vgl. Abb. 7, Abb. 8, Abb. 9 und Tab. IV) und
Ca F_2/Y (vgl. Abb. 10 und Tab. V).

Allgemein waren die Proben vor der Verfärbung farblos und nach der Verfärbung blauviolett.

Die beiden Hauptbanden haben unmittelbar nach der Bestrahlung die Lage

Ca F_2/U	548 2,26	373 3,32
Ca F_2/Sn	540 2,30	374 3,32
Ca F_2/Y	550 2,25	370 3,35

und nach ca. 100stündiger Lagerung im Dunkeln

$Ca\,F_2/U$	519 2,39	382 3,24
$Ca\,F_2/Sn$	215 2,41	385 3,22

MOLLWO [19] fand an additiv verfärbtem $Ca\,F_2$ zwei ausgeprägte Banden bei 376 und 528 nm, wovon er die erste mit α-Bande und die zweite mit β-Bande bezeichnete. Der Vergleich der Lage der von uns gefundenen Banden mit der der MOLLWOschen α- und β-Bande legt wegen der relativ guten Übereinstimmung die Vermutung nahe, einen Zusammenhang zwischen unseren Zentren und den „MOLLWOschen" Zentren anzunehmen. Durch den Einbau von U, Sn und Y werden offensichtlich Zentren erzeugt, die den „MOLLWOschen" Zentren ähneln. Ob gewisse Analogien zum

Tabelle III
$Ca\,F_2/U$

Kurve	Dosis	Zeit	Banden					
I							Anstieg ab 5,16 eV	
II	15 000 r				550 2,25		373 3,32	325 3,82
III	30 000 r				548 2,26		373 3,32	327 3,80
IV		$1^h 36^{min}$	850 1,46	725 1,71	533 2,32	422 2,94	374 3,32	329 3,77
V		$15^h 15^{min}$	850 1,46	725 1,71	522 2,37	428 2,89	375 3,31	330 3,76
VI		$44^h 10^{min}$	850 1,46	725 1,71	520 2,38	430 2,88	380 3,26	331 3,75
		$96^h 48^{min}$	850 1,46	725 1,71	519 2,39	430 2,88	382 3,24	330 3,76
VII		$195^h 40^{min}$	850 1,46	725 1,71	520 2,38	432 2,87		330 3,76

Verhalten röntgenbestrahlter Alkalihalogenide aufzuzeigen sind, vermögen wir nach Erhalt dieser ersten Resultate noch nicht zu diskutieren; die Gegenläufigkeit der Verlagerung der Hauptmaxima (am Ca F_2/U 2,26 eV → 2,39 eV und 3,32 eV → 3;24 eV) ist wahrscheinlich eine für Ca F_2 typische Erscheinung.

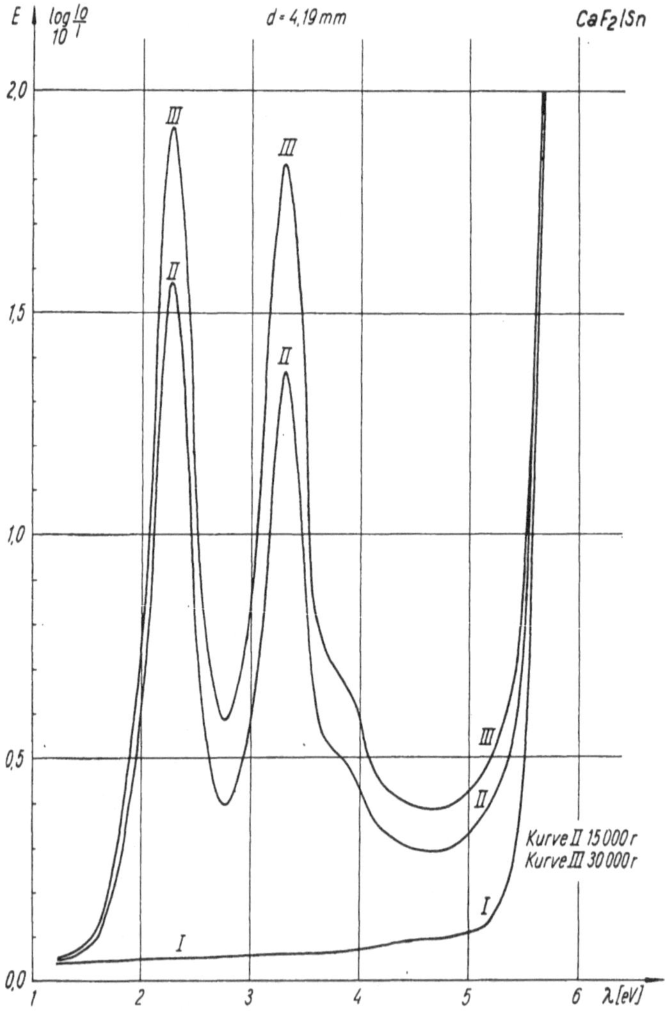

Abb. 3

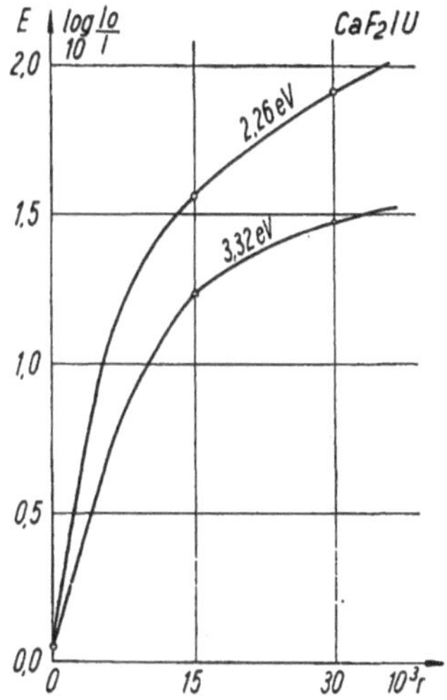
E
log Io/I
10
CaF2/U
2,0
1,5
1,0
0,5
0,0
2,26eV
3,32eV
0
15
30
10³r

Abb. 4

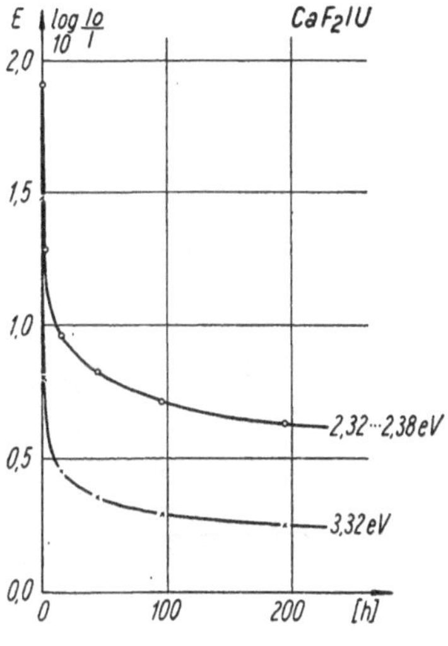
E
log Io/I
10
CaF2/U
2,0
1,5
1,0
0,5
0,0
2,32···2,38eV
3,32eV
0
100
200
[h]

Abb. 6

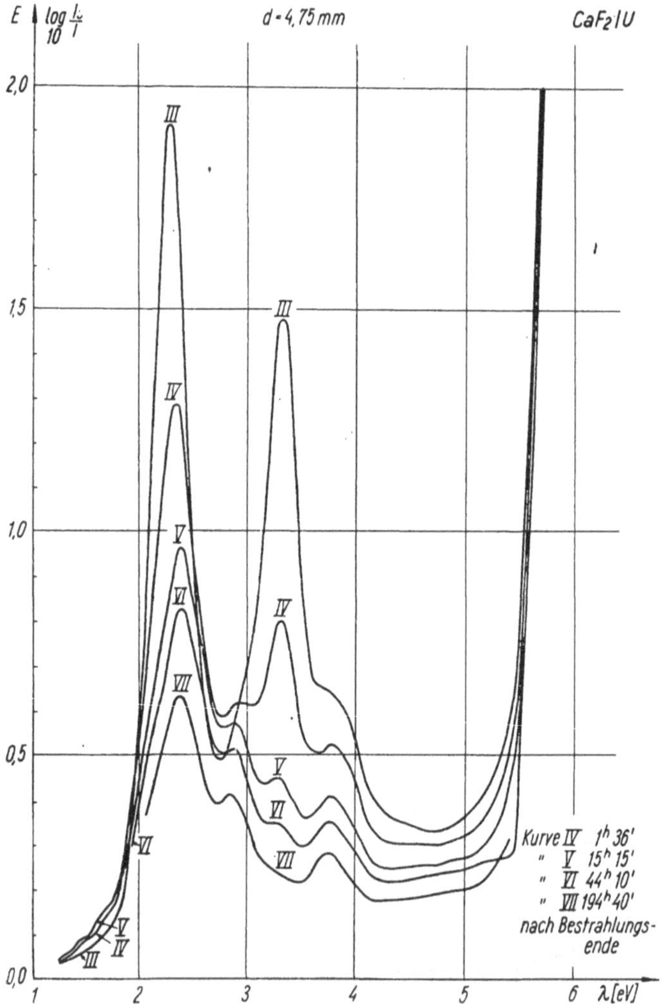
E
log I₀/I
10
d = 4,75 mm
CaF₂ IU
2,0
1,5
1,0
0,5
0,0
1
2
3
4
5
6
λ [eV]
Kurve IV 1h 36'
" V 15h 15'
" VI 44h 10'
" VII 194h 40'
nach Bestrahlungs-
ende

Abb. 5

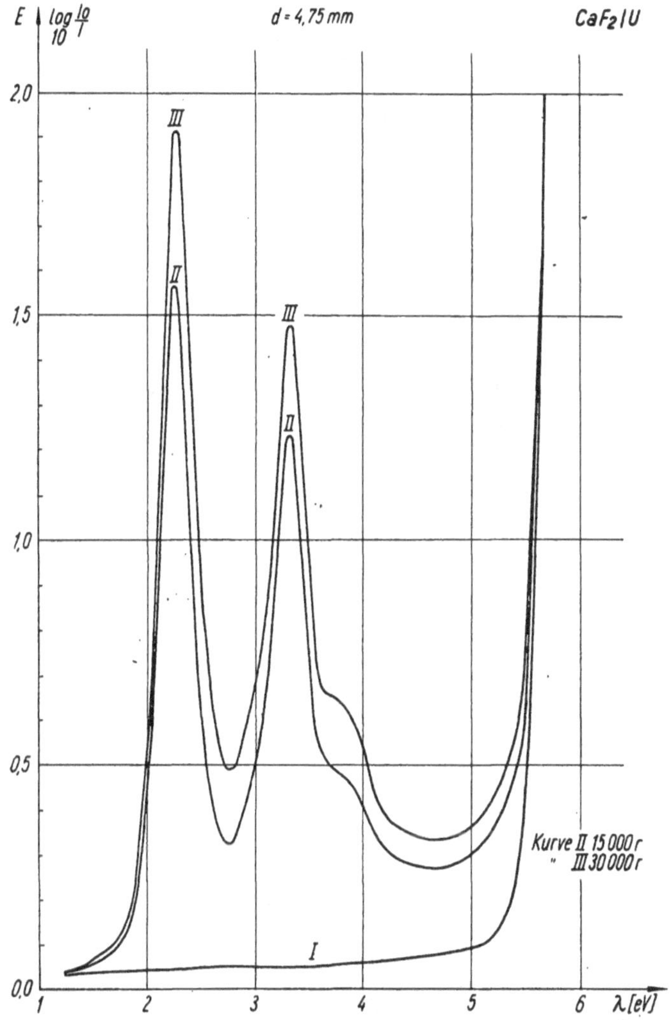

E
$\log_{10} \frac{I_0}{I}$
d = 4,75 mm
CaF_2/U
2,0
1,5
1,0
0,5
0,0
III
II
I
Kurve II 15000 r
" III 30000 r
1
2
3
4
5
6
λ [eV]

Abb. 7

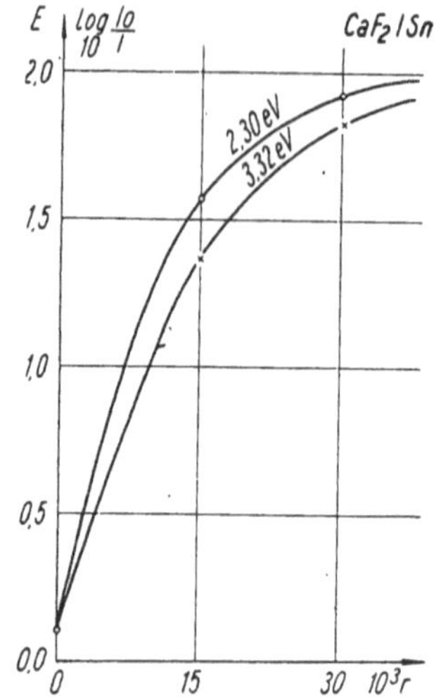

Abb. 8

Tabelle IV
CaF_2/Sn

Kurve	Dosis	Zeit	Banden					
I						Anstieg ab 5,16 eV		
II	15 000 r				540 2,30		373 3,32	324 3,83
III	30 000 r				540 2,30		373 3,32	318 3,90
IV		47^{min}	830 1,49	720 1,72	532 2,33	422 2,94	375 3,31	320 3,88
		$16^{h}5^{min}$	830 1,49	720 1,72	520 2,38	424 2,92	380 3,26	330 3,76
		51^{h}	830 1,49	720 1,72	515 2,41	428 2,89	385 3,22	330 3,76
V		$144^{h}27^{min}$	830 1,49	720 1,72	515 2,41	430 2,88	385 3,22	330 3,76

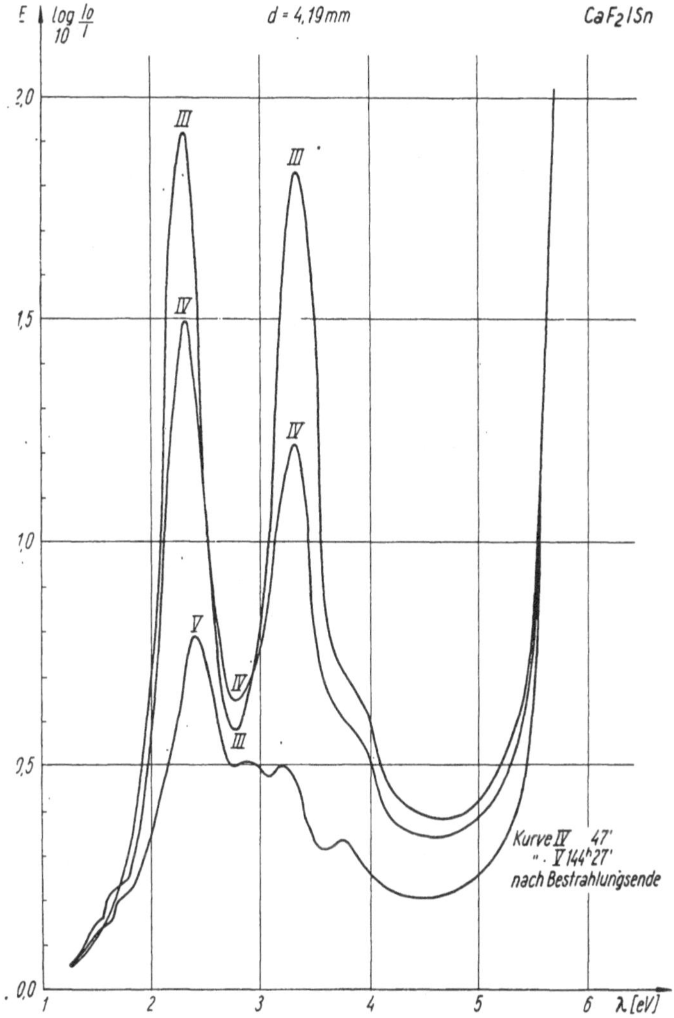
E log Io/I 10
d = 4,19 mm
CaF2/Sn
2,0
1,5
1,0
0,5
0,0
1
2
3
4
5
6
λ [eV]
III
IV
V
Kurve IV 47'
" V 144h27'
nach Bestrahlungsende

Abb. 9

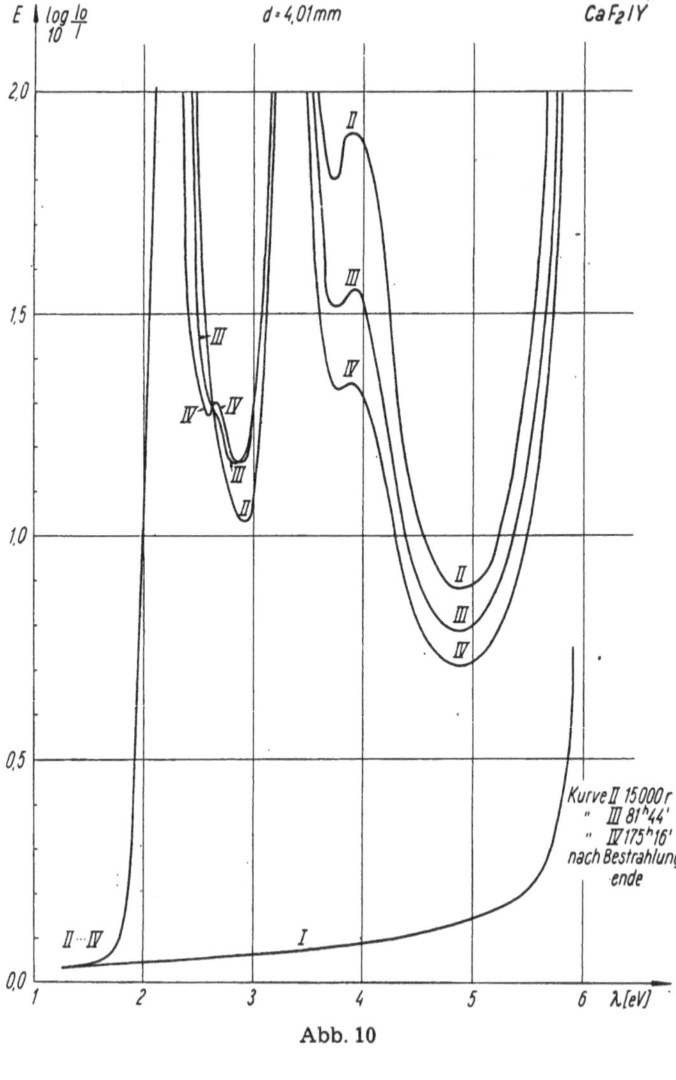
E log 10 Io/I
d = 4,01mm
CaF2/Y
2,0
1,5
1,0
0,5
0,0
1
2
3
4
5
6
λ [eV]
I
II
III
IV
II ··· IV
Kurve II 15000 r
" III 81h44'
" IV 175h16'
nach Bestrahlungsende

Abb. 10

Tabelle V
$Ca F_2/Y$

Kurve	Dosis	Zeit	Banden			
I					Anstieg ab 5,40 eV	
II	15 000 r		ca. 550 2,25		ca. 370 3,35	315 3,94
III		81^h44^{min}	ca. 550 2,25	470 2,64	ca. 370 3,35	318 3,90
IV		175^h16^{min}	ca. 550 2,25	465 2,76	ca. 370 3,35	318 3,90

Gruppe 2:

Die in dieser Gruppe enthaltenen Kristalle zeigen vor der Verfärbung typische Absorptionsspektren. Nach der Bestrahlung wird dieses Spektrum verstärkt, wobei sich die Höhenverhältnisse der Banden untereinander zwar ändern, neue Banden aber nicht entstehen. Bei Dunkellagerung ist kaum eine Entfärbung festzustellen, weshalb auf Wiedergabe entsprechender Diagramme verzichtet werden kann. Zur Gruppe 2 gehören

$Ca F_2/Sm$ (vgl. Abb. 11, Abb. 12 und Tab. VI),
$Ca F_2/Yb$ (vgl. Abb. 13, Abb. 14 und Tab. VII).

Das Verhalten dieser Kristalle läßt sich vermutlich dadurch erklären, daß nur ein Teil der Aktivatorsubstanz zweiwertig eingebaut wird, während der Rest in dreiwertiger Form vorliegt (Sm wird isomorph anstelle von Ca^{++} eingebaut). Durch Bestrahlung wird der dreiwertige Anteil reduziert, was zur Verstärkung des vor der Verfärbung vorhandenen Spektrums führt. Durch die Ergebnisse und die daraus resultierenden Vermutungen wird die Frage nach der Kompensation der überschüssigen Ladung des dreiwertigen Ions aufgeworfen. Erfolgt die Kompensation durch ein benachbartes O^{--}-Ion, das an einem Fluorgitterplatz eingebaut wurde oder durch ein benachbartes F^--Ion, das sich auf einem Zwischengitterplatz befindet? Zwischen diesen Fällen kann man sich auf Grund des vorliegenden Materials nicht entscheiden. Wahrscheinlich wird aber der letzte Fall gelten, weil der Sauerstoff, der in fast allen Proben durch die Aktivatorsubstanz in die Schmelze gelangt, als Bleioxyd (Zusatz von PbF_2) entfernt wird.

Nunmehr ergibt sich eine weitere Frage über die Lage der Banden des neutralen Fluorions (analog zu den V-Banden der Alkalihalogenide). Vermutlich liegen diese Banden bei den Erdalkalihalogeniden unterhalb von 200 nm.

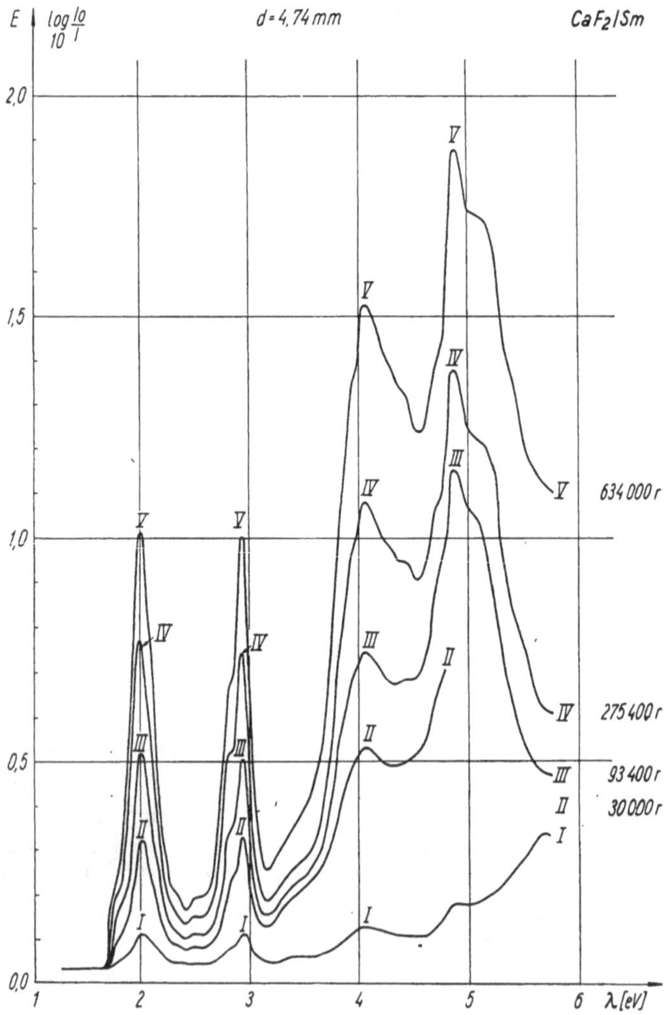

Abb. 11

Tabelle VI CaF_2/Sm

Kurve	Dosis	Banden													
I		680 1,82	618 2,01	533 2,33	495 2,51	443 2,80	422 2,93	360 3,44		306 4,05			254 4,88		218 5,69
II	30 000 r	677 1,83	618 2,01	530 2,34	492 2,52	440 2,82	424 2,92	360 3,44		306 4,05					
III	93 400 r	677 1,83	618 2,01	535 2,32	499 2,48	444 2,79	424 2,92	360 3,44	313 3,96	304 4,07	280 4,43	259 4,78	254 4,88	243 5,10	
IV	275 400 r	677 1,83	618 2,01	535 2,32	495 2,51	440 2,82	424 2,92	360 3,44	313 3,96	305 4,06	282 4,40	262 4,74	254 4,88	243 5,10	
V	634 400 r	680 1,82	618 2,01	535 2,32	492 2,52	438 2,83	424 2,92	360 3,44	313 3,96	305 4,06	282 4,40	261 4,76	255 4,86	243 5,10	

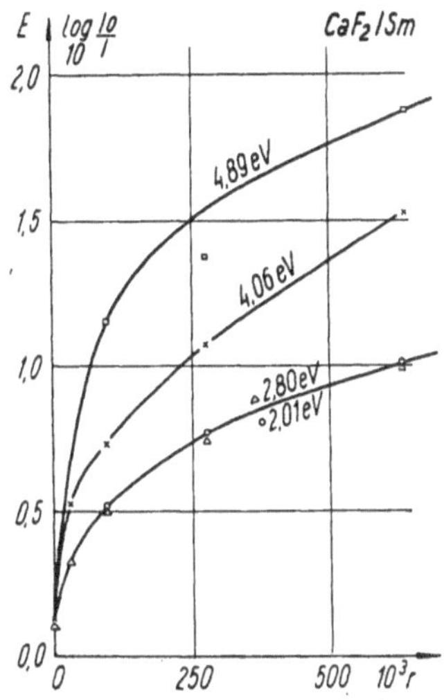

Abb. 12

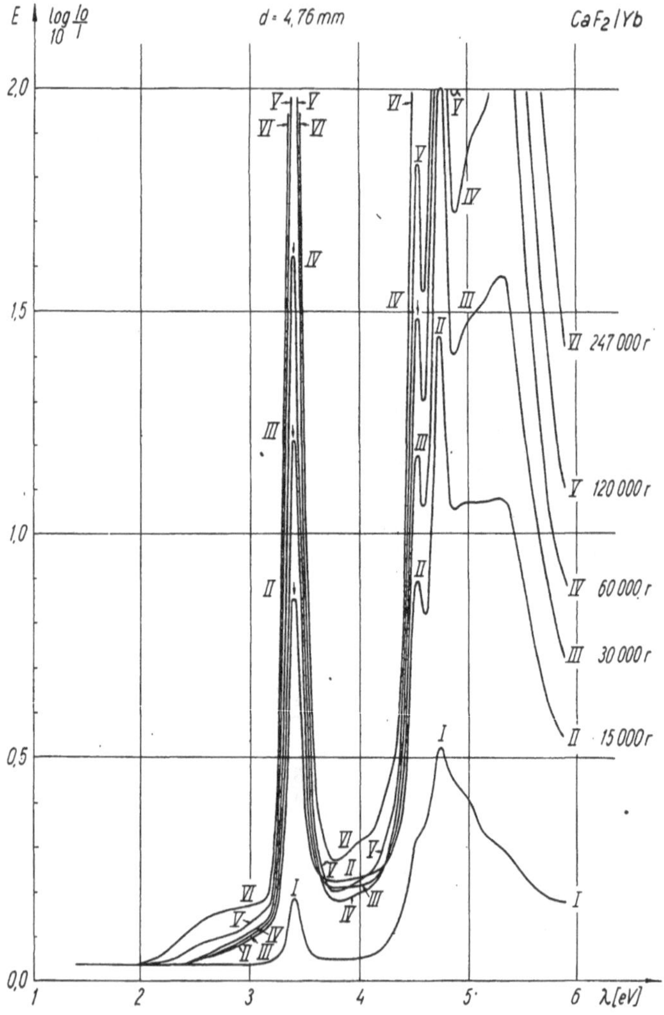
E
$\log_{10} \frac{I_0}{I}$
d = 4,76 mm
CaF_2/Yb
VI 247 000 r
V 120 000 r
IV 60 000 r
III 30 000 r
II 15 000 r
I
λ[eV]

Abb. 13

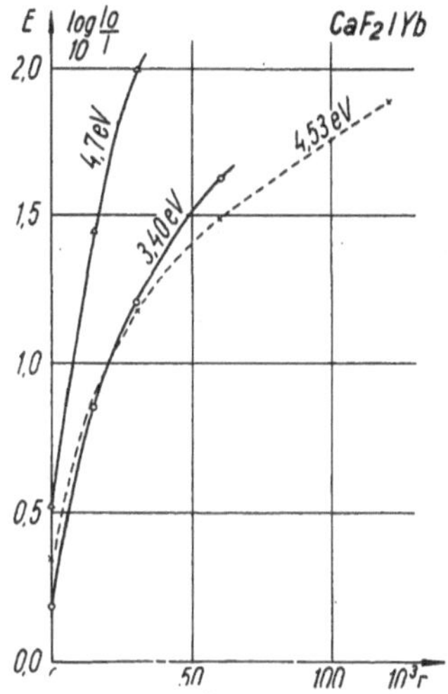

Abb. 14

Tabelle VII

CaF_2/Yb

Kurve	Dosis	Banden						
I			364 3,40		274 4,53	262 4,74	248 5,00	239 5,40
II	15 000 r		364 3,40		274 4,53	262 4,74	248 5,00	234 5,30
III	30 000 r		364 3,40		274 4,53	262 4,74	248 5,00	233 5,31
IV	60 000 r		364 3,40		274 4,53	*	248 5,00	*
V	120 000 r		*		274 4,53	*	*	*
VI	247 000 r	460 2,70	*	310 4,00	274 4,53	*	*	*

* Bande geht über den Meßbereich

Gruppe 3:

Diese Kristalle zeigen vor der Verfärbung eine starke selektive Absorption und ähneln damit den Kristallen der Gruppe 2. Nach dem Bestrahlen treten neue Banden auf, die zeitlich bei Dunkellagerung sehr schnell abklingen. Zu dieser Gruppe haben wir bisher nur einen Vertreter gefunden:

CaF_2/Eu (vgl. Abb. 15 und Tab. VIII).

Man erkennt deutlich, daß die selektive Absorption, die vor der Bestrahlung zwischen 3 und 4 eV vorhanden war, durch die Bestrahlung nicht in der Weise wie bei Gruppe 2 aufgebaut wird. Sie wird verstärkt durch eine Überlagerung mit einer neuen Bande. Subtrahiert man nämlich die Kurve I von der Kurve III (Abb. 15), dann erhält man die gestrichelte Kurve IV, die ein deutliches Maximum bei 3,30 eV hat.

Die Gestalt der gestrichelten Kurve entspricht der der Lagerungsspektren von Gruppe 1. Die Übereinstimmung erstreckt sich sogar auf die Anzahl und die Lage der übrigen Banden der Differenzkurve.

Man darf daher annehmen, daß alle eingebauten Europiumatome in zweiwertiger Form vorlagen. Bestrahlung konnte daher nur Zentren von der Art der Gruppe 1 aktivieren.

Es entsteht die Frage, ob man durch fortgesetzte Bestrahlung der Kristalle der Gruppe 2 Banden von der Gestalt der Gruppe 1 erhalten kann, nachdem alle Sm^{+++} in Sm^{++} übergeführt wurden. Solche Versuche sind von uns noch nicht durchgeführt worden.

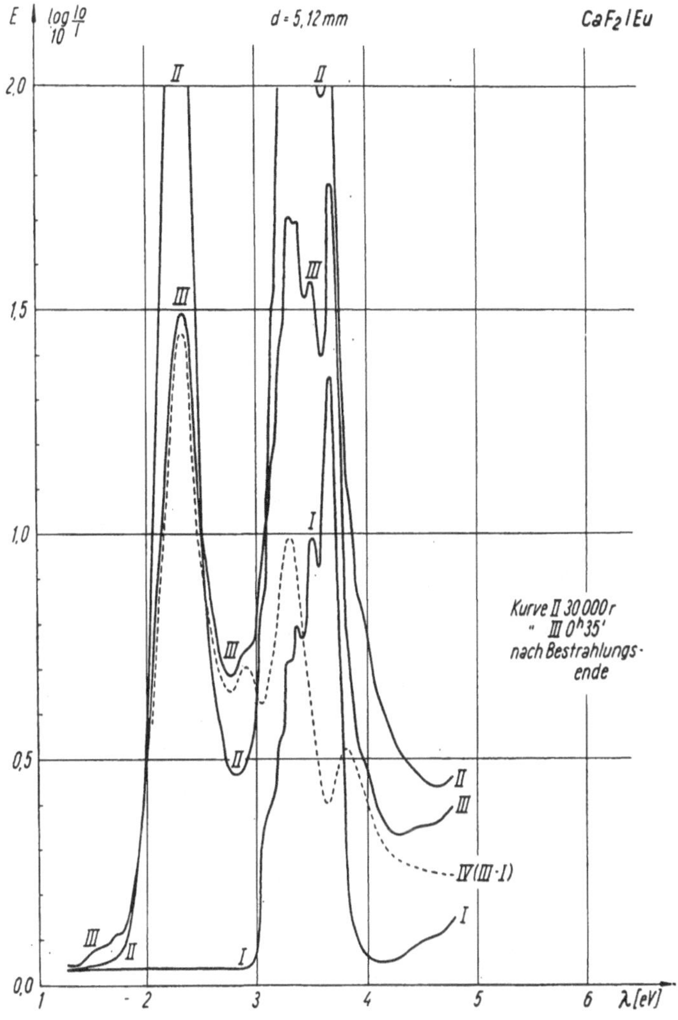

E
$\log_{10} \frac{I_0}{I}$
d = 5,12 mm
CaF_2/Eu
2,0
1,5
1,0
0,5
0,0
1
2
3
4
5
6
λ [eV]
II
III
I
IV(III-I)
Kurve II 30000 r
" III 0h35'
nach Bestrahlungs-ende

Abb. 15

Tabelle VIII

CaF_2/Eu

Kurve	Dosis	Zeit	Banden													
I							395 3,15	387 3,21	375 3,31	366 3,40	352 3,53	337 3,68			276 4,50	
II	30 000 r				540 2,30		395 3,15	*	*	366 3,40	*	337 3,68		311 4,00	277 4,48	
III		50^h 3^{min}	827 1,50	718 1,73	530 2,34	428 2,90	400 3,10	386 3,22	376 3,30	367 3,38	355 3,50	337 3,68				
IV		50^h 3^{min}	827 1,50	718 1,73	530 2,34	428 2,90			375 3,31				326 3,81			
		750^h	850 1,46	725 1,71	520 2,34	435 2,85	400 3,10		376 3,30	367 3,38	353 3,52	337 3,68			275 4,51	243 5,11

* Bande geht über den Meßbereich

Gruppe 4:

Die Kristalle der Gruppe 4 lassen sich weder in die Gruppe 1 noch in die Gruppen 2 oder 3 einordnen. Sie zeigen auch unter sich hinsichtlich ihrer Absorption und ihres Verfärbungsverhaltens Unterschiede. Zur Gruppe 4 zählen wir

CaF_2/Gd (vgl. Abb. 16, Abb. 17, Abb. 18 und Tab. IX) und

CaF_2/Ce (vgl. Abb. 19, Abb. 20 und Tab. X).

CaF_2/Gd zeigt zum Teil die Eigenschaften der Gruppe 2, z. B. durch den Aufbau der Bande bei 5,00 eV nach Bestrahlung. Ebenso wie die Kristalle der Gruppe 2 zeigt sich die Probe gegen eine thermische Entfärbung sehr stabil. Der Verfärbungsanstieg ist jedoch erheblich größer als bei den Kristallen der Gruppe 2 (siehe Abb. 17 und Abb. 12).

Die Ähnlichkeit zur Gruppe 1 besteht darin, daß CaF_2/Gd auch eine Bande in der Nähe von 2,38 eV (β-Bande von MOLLWO) besitzt. Nur ist der Unterschied der, daß die Verschiebung der Lage der Maxima gegenüber der der Gruppe 1 umgekehrt ist,

CaF_2/Gd	2,38 $\rightarrow$ 2,12 eV
CaF_2/Gruppe 1	2,28 $\rightarrow$ 2,40 eV.

Ein weiterer Unterschied zur Gruppe 1 besteht darin, daß sich die Bande bei $\sim$ 3,30 eV (α-Bande von MOLLWO) erst bei Dunkellagerung bildet und dabei ständig wächst (Abb. 18). Diesem Wechselspiel der Banden entspricht auch eine Farbumwandlung des Kristalls. Er wechselt die Farbe von blauviolett unmittelbar nach der Bestrahlung in blau.

CaF_2/Ce hat wie die Kristalle der Gruppe 3 vor der Verfärbung ein Absorptionsspektrum, das sich durch Röntgenbestrahlung nicht verstärkt. Die neuen Banden, die durch die Bestrahlung entstehen, sind sehr stabil. Die α-Bande ist nicht zu erkennen. Höchstens kann man eine kleine Ausbuchtung an der langwelligen Flanke der Bande 2,51 eV als „β-Bande“ ansprechen.

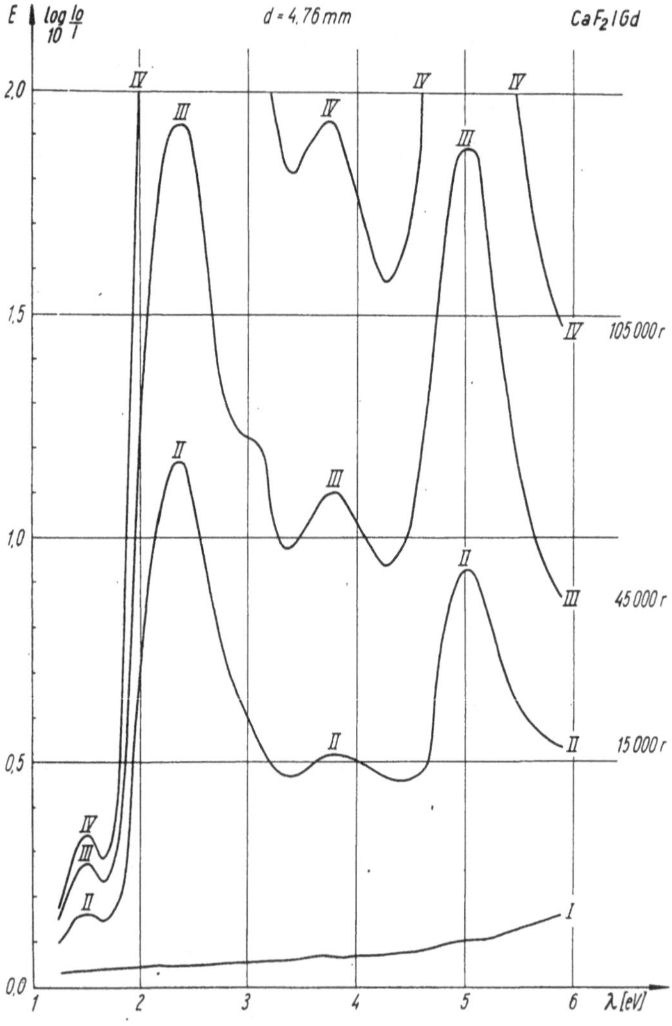
E
log Io/I
10
d = 4,76 mm
CaF2/Gd
2,0
1,5
1,0
0,5
0,0
IV
III
II
I
105 000 r
45 000 r
15 000 r
1
2
3
4
5
6
λ [eV]

Abb. 16

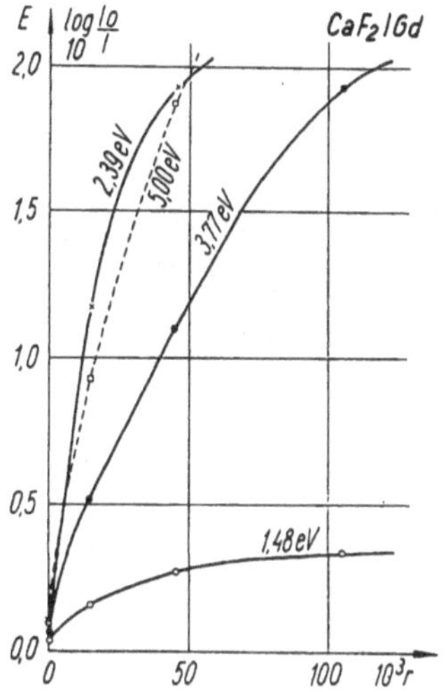

Abb. 17

Tabelle IX
CaF_2/Gd

Kurve	Dosis	Zeit	Banden				
I						335 3,70	248 5,00
II	15 000 r		840 1,48	520 2,39		328 3,78	248 5,00
III	30 000 r		840 1,48	525 2,36	410 3,03	329 3,77	247 5,02
IV	60 000 r		840 1,48	*	*	330 3,76	*
V		$2^h 39^{min}$	840 1,48	*	*	338 3,67	*
VI		$17^h 2^{min}$	840 1,48	*	*	350 3,54	*
VII		$46^h 32^{min}$	840 1,48	*	*	355 3,50	*
VIII		74^h	840 1,48	580 2,14	*		*
IX		192^h	840 1,48	585 2,12	*		*

* Bande geht über den Meßbereich

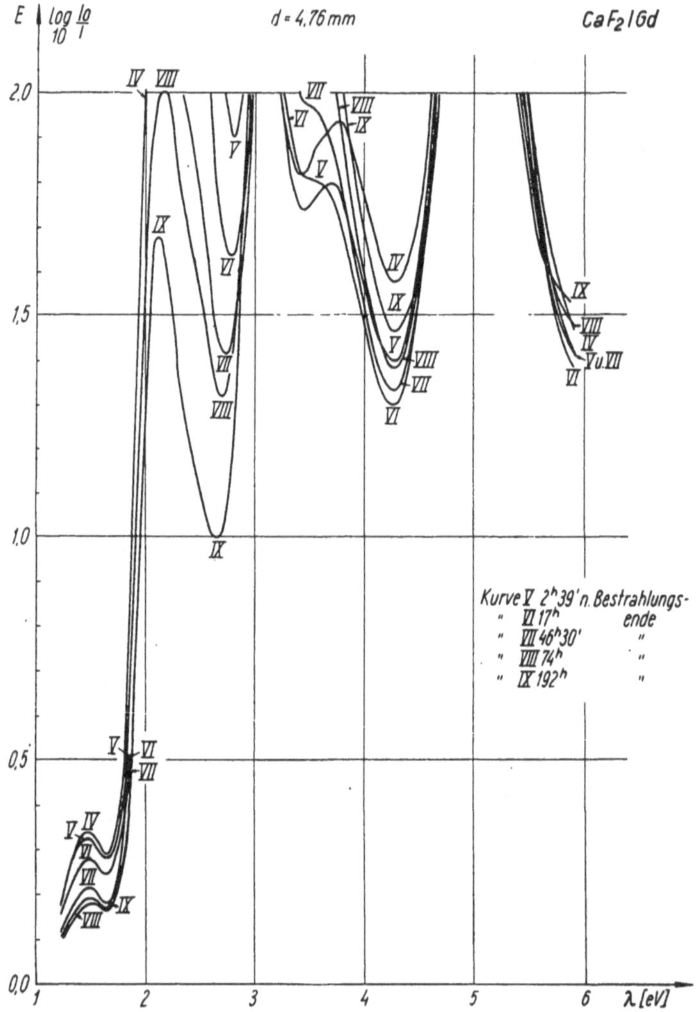
E
log 10 Io/I
d = 4,76 mm
CaF2/Gd
2,0
1,5
1,0
0,5
0,0
1
2
3
4
5
6
λ [eV]
Kurve V 2h 39' n. Bestrahlungs-ende
" VI 17h "
" VII 46h 30' "
" VIII 74h "
" IX 192h "

Abb. 18

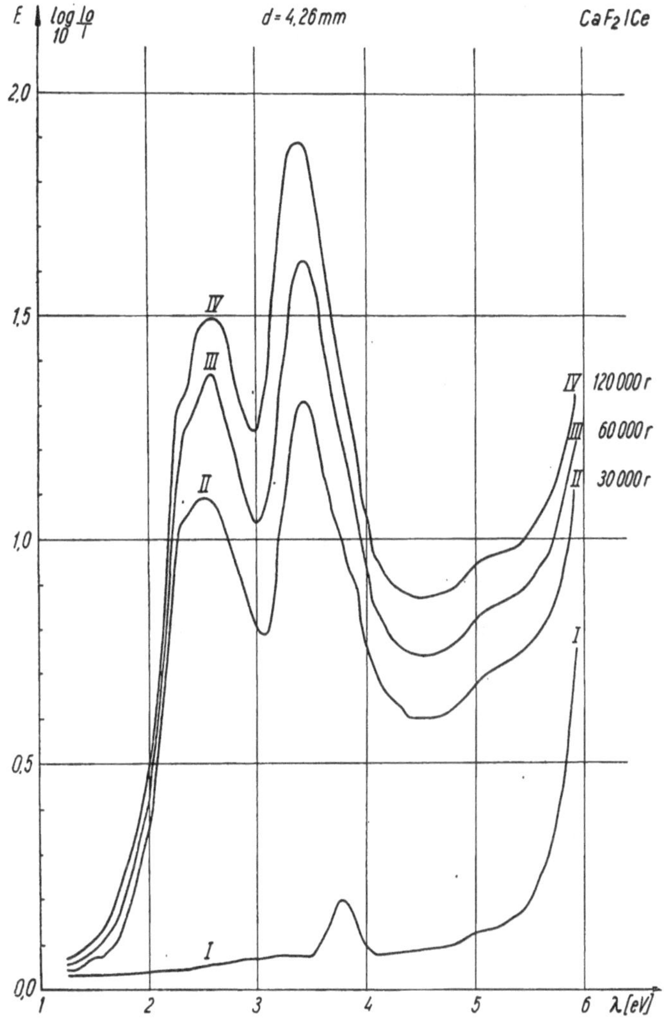
E
log Io/I 10
d = 4,26 mm
CaF2/Ce
2,0
1,5
1,0
0,5
0,0
IV
III
II
I
IV 120000 r
III 60000 r
II 30000 r
1
2
3
4
5
6
λ [eV]

Abb. 19

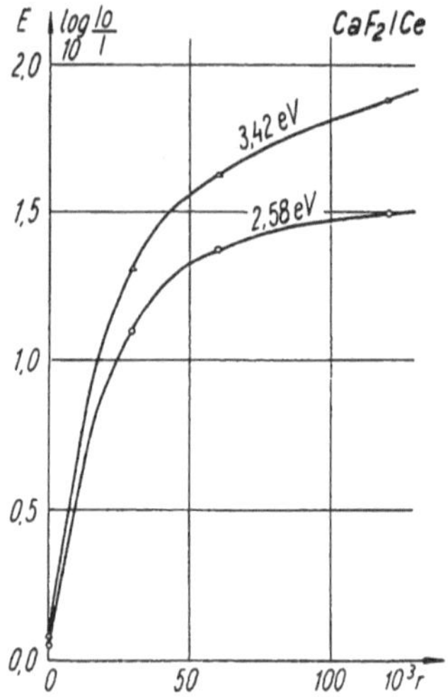

Abb. 20

Tabelle X

CaF_2/Ce

Kurve	Dosis	Banden					
I					329 3,77		248 5,00
II	30 000 r	530 2,34	495 2,51	362 3,43		318 3,90	246 5,05
III	60 000 r	530 2,34	480 2,58	363 3,42			246 5,05
IV	120 000 r	540 2,30	480 2,58	365 3,40			243 5,10

7. Zusammenfassung

a) Zunächst wurden die Verfahren skizziert, die wir zur Herstellung unserer zu den Messungen verwendeten, künstlichen Kristalle benutzten.

b) Die Absorptions-, Fluoreszenz- und Verfärbungseigenschaften künstlicher Kristalle aus sehr reinem Ausgangsmaterial wurden untersucht und die Ergebnisse mit denen anderer Autoren verglichen.

c) Die Fluoreszenz der Systeme $Ca F_2/Sm^{++}$ und $Ca F_2/Yb^{++}$ (beide auch bei — 180 °C untersucht) stimmte mit FEOFILOWS Ergebnissen an künstlichen Kristallen aus Naturfluoriten überein. Am System $Ca F_2/Eu^{++}$ fanden wir zusätzlich noch zwei weitere bereits bei Zimmertemperatur sehr intensive dublettartige Fluoreszenzbanden.

d) Von den Systemen $Ca F_2/U$, $Ca F_2/Sn$, $Ca F_2/Y$, $Ca F_2/Sm$, $Ca F_2/Yb$, $Ca F_2/Eu$, $Ca F_2/Gd$ und $Ca F_2/Ce$ haben wir die subtraktiven Verfärbungsspektren in Abhängigkeit von der Bestrahlungsdosis gemessen. Darüberhinaus wurden auch die Entfärbungsprozesse bei Lagerung im Dunklen studiert. Die untersuchten Systeme ließen sich in vier Gruppen einordnen.

Literatur

[1] GÖRLICH, P., KARRAS, H., und KÜHNE, K., Arbeitsber. Festkörperphys. u. Phys. d. Leuchtstoffe in Erfurt. Akademie-Verlag, Berlin 1958. S. 29.

[2] STOCKBARGER, D. C., J. Opt. Soc. Am. **39** (1949) 731.

[3] SMAKULA, A., Phys. Rev. **77** (1950) 408.

[4] SMAKULA, A., Phys. Rev. **91** (1953) 1570.

[5] SMAKULA, A., Z. Phys. **138** (1954) 276.

[6] BARILE, S., Phys. Rev. **83** (1951) 227.

[7] LÜTY, F., Z. Phys. **134** (1953) 596.

[8] BONTINCK, W., Physica **24** (1958) 639.

[9] FEOFILOW, P. P., Optik Spektroskopie (russ.) **1** (1956) 992.

[10] FEOFILOW, P. P., V. Tagung über Kristallphosph. in Tartu (1956) 3.

[11] FEOFILOW, P. P., Ber. Allunions-Ges. f. Mineralogie, 2. Serie, **85** (1956) 569.

[12] FEOFILOW, P. P., Optik Spektroskopie (russ.) **5** (1958) 216.

[13] GALKIN, L. N., und FEOFILOW, P. P., Ber. Akad. Wiss. USSR **114** (1957) 745.

[14] STEPANOW, I. V., und FEOFILOW, P. P., Ber. Akad. Wiss. USSR **108** (1956) 615.

[15] PEIBST, H., und LEMKE, H., Z. phys. Chem. **208** (1958) 188.

[16] GÖRLICH, P., KARRAS, H., und KÜHNE, K., Sitzungsber. Dtsch. Akad. Wiss. Berlin, Kl. Math. Phys. Techn., Nr. 2, Berlin 1959; Monatsber. Dtsch. Akad. Wiss. Berlin **1** (1959) 228.

[17] STÖBER, F., Z. Kristallogr. **61** (1925) 299.

[18] STEPANOW, I. V., und FEOFILOW, P. P., Akad. Wiss. USSR, Inst. f Kristallogr. (Ber. über die Tagung Kristallzüchtung 5. — 10. 3. 1956) (1957) 229.

[19] MOLLWO, E., Göttinger Nachr., Math.-phys. Kl. **1** (1934) 79.

Reaktionskinetik von Elektronenprozessen in Festkörpern

Tagung der Deutschen Akademie der Wissenschaften zu Berlin, Physikalisch-Technisches Institut — Bereich Elektrischer Durchschlag — vom 11. bis 13. April 1960

Herausgegeben von KARL WOLFGANG BÖER

(Abhandlungen der Deutschen Akademie der Wissenschaften zu Berlin, Klasse für Mathematik, Physik und Technik, Jahrgang 1960, Heft 7)

1960 · VII, 319 Seiten · 126 Abbildungen, davon 12 auf drei Kunstdrucktafeln · 12 Tabellen · 4° · DM 23,—

Vom 11. bis 13. April 1960 fand in Berlin eine von der Deutschen Akademie der Wissenschaften zu Berlin veranstaltete Arbeitstagung „Reaktionskinetik von Elektronenprozessen in Festkörpern" unter Beteiligung namhafter Wissenschaftler des In- und Auslandes statt. Im Mittelpunkt der Tagung stand die Diskussion über reaktionskinetische Modelle und über die Methoden zur experimentellen Bestimmung und die Größe reaktionskinetischer Parameter. In dem Tagungsbericht sind alle Vorträge und die wesentlichsten der daran angeschlossenen Diskussionen zusammengefaßt. Das durch zahlreiche Abbildungen illustrierte Buch übermittelt einen guten Überblick über den gegenwärtigen Entwicklungsstand der Reaktionskinetik.

Bestellungen durch eine Buchhandlung erbeten

THEORIA CUM PRAXI

A K A D E M I E - V E R L A G · B E R L I N

FSC
www.fsc.org
MIX
Papier | Fördert gute Waldnutzung
FSC® C083411

Zeitfracht Medien GmbH
Ferdinand-Jühlke-Straße 7
99095 Erfurt, Deutschland
produktsicherheit@kolibri360.de